Mathieu Auguste Geffroy

Le dessèchement du lac Fucin

Techniques

 Le code de la propriété intellectuelle du 1er juillet 1992 interdit en effet expressément la photocopie à usage collectif sans autorisation des ayants droit. Or, cette pratique s'est généralisée dans les établissements d'enseignement supérieur, provoquant une baisse brutale des achats de livres et de revues, au point que la possibilité même pour les auteurs de créer des œuvres nouvelles et de les faire éditer correctement est aujourd'hui menacée. En application de la loi du 11 mars 1957, il est interdit de reproduire intégralement ou partiellement le présent ouvrage, sur quelque support que ce soit, sans autorisation de l'Éditeur ou du Centre Français d'Exploitation du Droit de Copie , 20, rue Grands Augustins, 75006 Paris.

ISBN : 978-1986501859

10 9 8 7 6 5 4 3 2 1

Mathieu Auguste Geffroy

Le dessèchement du lac Fucin

Techniques

Table de Matières

Introduction	7
Section I	8
Section II	29

Introduction

La grande œuvre commencée il y a vingt-cinq ans par le prince Torlonia, et qui lui a coûté tant de millions, s'achève, ou n'attend plus pour se compléter que quelques travaux de second ou de troisième ordre. Par le généreux emploi d'une immense fortune, le prince Torlonia a transformé toute une région de l'Italie. Une population nombreuse lui doit dès maintenant la moralité du travail et la prospérité. Là où régnaient les brigands et la fièvre, il a semé le commerce, l'industrie, le bien-être ; on peut dire qu'il a purifié le climat et corrigé la nature. Ce que l'empire romain n'avait pu qu'imparfaitement accomplir, il l'a consommé, avec le secours de la science moderne. A la tête de son œuvre, il n'a voulu que des ingénieurs français, et ces ingénieurs ont admirablement répondu à sa confiance. M. Brisse, qui depuis longtemps, après M. de Montricher et M. Bermont morts à la peine, dirige cette immense entreprise, en a rédigé de concert avec M. de Rotrou la relation raisonnée. Leur *Précis historique*, imprimé aux frais du prince, est accompagné d'un atlas dont les planches servent de commentaire au livre.

La grande opération qui a si bien réussi a été honorée, lors de l'exposition universelle de Paris, bien qu'elle ne fût pas encore achevée, et récemment à l'exposition de Philadelphie, des plus hautes distinctions, décernées au prince, Il est temps de faire connaître en France cette œuvre française accomplie sur le sol italien ; il est temps d'en féliciter le prince et de rendre justice aux ingénieurs éminents qui l'ont conduite, à celui qui y met en ce moment la dernière main. Les empereurs Claude, Trajan, Adrien, avaient tenté à peu près le même effort et n'y avaient pas réussi : il est instructif de comparer les deux époques. Le *Précis*, dans lequel M. de Rotrou en particulier s'est efforcé de commenter les textes antiques en même temps qu'il rapportait les faits nouveaux, nous rendra la tâche un peu moins difficile. Nous y ajouterons ce que donnent d'informations la vue des lieux et des travaux, l'examen des témoignages écrits et les explications orales.

Section I

La région du Fucin occupe, dans le massif central et le plus élevé de la chaîne apennine, la partie septentrionale de l'ancien royaume de Naples. Située précisément au milieu de la péninsule italienne, elle en est, comme disait l'antiquité, le vrai ombilic, à plus juste titre que le lac Cutilien, à l'est de Rieti, auquel Varron et Pline attribuaient ce privilège. Si le moyen âge avait su entretenir, si les Italiens des temps modernes avaient su restituer les communications que Rome avait jadis ouvertes, on irait aujourd'hui vers cette contrée directement par Tivoli et Subiaco, à l'est de Rome, en suivant à peu près l'antique voie Valérienne. Commencée en 307 avant Jésus-Christ par le censeur Valerius Maximus, au même temps où la célèbre voie Appienne était construite par le censeur Appius Claudios, la Valérienne conduisait de Tibur à Varia ou Vateria, chantée par Horace, à Carseoli, puis à Albe et à Corfinium, après avoir franchi l'Apennin par des défilés qu'on ne peut plus traverser en voiture et sans guide. Il faut maintenant, pour se rendre à Avezzano, la ville principale du district, parcourir les deux côtés d'un triangle allongé dont la voie Valérienne est la base ; il faut aller à Ceprano ou bien à Roccasecca, sur la ligne ferrée entre Rome et Naples, puis remonter vers le nord. C'est d'ailleurs une route des plus intéressantes, à travers la fertile et industrieuse vallée du fleuve Liri ou Garigliano, qu'animent des usines fondées par une colonie française,[1] par Arpino, la patrie de Marius et de Cicéron, par les cascades d'Isola, par l'île du Fibrène, où il est bien difficile de reconnaître l'emplacement de la maison du grand orateur. On a pour traverser les défilés de l'Apennin de belles routes, d'abord au milieu d'une série de vallées ouvertes, ensuite, à partir de Sora, le long de la vallée plus étroite du Liri, puis aux flancs des montagnes qui, non loin et à l'est des sources du fleuve, forment le mur occidental de l'ancien lac Fucin. Peu à peu l'altitude et le climat ont changé : on s'est élevé à 700 mètres environ au-dessus du niveau de la mer ; aux vastes et majestueux horizons de la campagne romaine, à la rigide âpreté des monts Volsques, ont succédé les fertiles campagnes de la terre de Labour, les ravins et les torrents vers le haut Liri, les villages fortifiés sur la pointe des

---
1 Les papeteries de M. le comte Lefèvre, de M. Rœssinger, etc.

rochers nus, et enfin, dans le bassin même du lac, les sommets de toutes parts sillonnés par les traces persistantes des neiges. Les chaleurs étouffantes et dangereuses de la plaine ont fait place à l'air pur et vif des hautes vallées. On reconnaît les scènes tourmentées et lumineuses, ardentes et sévères, qu'a reproduites Salvator Rosa ; on est au cœur de ce pays d'Abruzze que les guerres privées du moyen âge, les querelles entre les Orsini et les Colonna, puis le brigandage, jusqu'à une époque toute voisine de la nôtre, ont cruellement ravagé. C'était aussi, dans les temps anciens, le séjour d'un de ces petits peuples qui se sont fait redouter de Rome elle-même, et qui, ont été, comme dit Florus, la pierre à aiguiser de son courage et de ses vertus militaires.

Les Marses n'avaient-ils pas été précédés ici par des colonies pélasgiques, dont plusieurs constructions cyclopéennes encore visibles et certains objets de bronze d'un travail primitif trouvés dans le sol attesteraient le passage [1] ? Ce qui paraît assuré, c'est que, comme le reste de la race sabellique, à laquelle ils appartenaient, comme les Péligniens, les Marrucins et les Vestins, les Marses étaient établis au centre de la presqu'île italienne dès avant la naissance de l'état romain. Si nous ne retrouvons plus aujourd'hui que de bien faibles vestiges de leur civilisation propre et de leur langue, nous recueillons du moins les nombreux témoignages des craintes qu'ils inspiraient. C'est de leurs rangs que Virgile fait partir un puissant chef, Umbro, pour s'opposer avec Turnus à l'invasion d'Énée et des troyens. Leur intrépidité et leur audace sont partout vantées. Chez eux, la mère n'accorde aux enfants le repas de chaque jour qu'après qu'ils l'ont conquis par leur adresse, en triomphant des obstacles. Ils vivent en des lieux infestés de serpents ; mais Circé et Médée, les deux filles d'Aétès, leur ont transmis le secret d'une science magique. Ils composent des philtres qui guérissent les morsures empoisonnées. Ils savent, par leurs incantations, forcer le reptile à sortir malgré lui de sa retraite obscure ; en vain, pressentant sa défaite, il se défend contre les accents du charmeur, en vain il bouche une de ses oreilles en la collant au sol, et ferme l'autre en y appliquant sa queue : une force surnaturelle l'asservit, et il se traîne <u>aux pieds du vain</u>queur, dont la seule voix peut lui briser le crâne

---

1 Voyez à ce sujet le mémoire du regretté comte Conestabile, de Pérouse, que la science vient de perdre, *Sovra due dischi in bronzo antico-italici... Mémoires de l'Académie de Turin*, série 2, t. XXVIII.

et lui ouvrir les entrailles. Les poètes romains et les écrivains sacrés sont pleins de ces légendes.[1] Ils sont habiles à détacher la lune de la voûte céleste, à suspendre le cours des fleuves, à faire descendre les forêts des flancs des montagnes. Au temps de l'empire, des prêtres marses président à certaines divinations au cirque et dans les temples ; la nénie marse, les enchantements sabins, *marsa nœnia, sabella carmina*, sont redoutés non pas seulement des reptiles, mais des hommes ; les bourreaux des premiers chrétiens emploient ces sortilèges à tourmenter leurs victimes, et la tradition se perd si peu dans les temps modernes qu'on voyait se célébrer encore il y a dix ans, à Cocullo, à l'est du lac, une fête où les charmeurs, après avoir rempli de cire la dent creuse des vipères pour les rendre inoffensives, les maniaient familièrement.

Rome eut ces peuples pour ennemis, puisqu'ils prétendaient garder leur indépendance après qu'elle eut vaincu et, peu s'en faut, anéanti, malgré leurs nombreuses forteresses, les Équicoles et les Èques établis au nord-ouest du lac, dans la célèbre plaine de Tagliacozzo. La défaite des Marses, malgré leur alliance avec tout le Samnium, devint inévitable à partir du jour où la petite ville d'Albe du Fucin, au nord, fut enlevée aux Èques et devint colonie romaine, en l'année 302. Nous n'avons pas à reprendre les traits connus de l'histoire générale, la défaite des Marses, ce qu'ils rendirent à Rome, une fois soumis, d'énergiques services, leur révolte ensuite, si menaçante pour l'unité romaine lors de la terrible guerre sociale. Il faut toutefois, quand on visite la Marsique, avoir présents à l'esprit ces souvenirs que sollicite et ranime l'aspect des vestiges de l'antiquité encore subsistants.

Tout autour de l'ancien lac, des villes et des bourgs, dont quelques-uns maintenant bien misérables, attestent par leurs noms et par leurs ruines une ancienne prospérité. Albe par exemple, construite sur trois collines entre le mont Velino, un des plus élevés de la péninsule, et la rive septentrionale du lac, offre un curieux spécimen de la fortification antique, italiote ou romaine. C'est ce lieu qu'il faut visiter, le livre de Carlo Promis à la main,[2] pour voir comment étaient pratiqués les préceptes d'Énée le tacticien, de Philon de Byzance et de Vitruve. C'est là qu'on peut s'instruire

---

1 Voyez le psaume 57 ; Horace, *Epodes*, 17 ; Onde, Silius Italicus, saint Augustin.
2 *Le antichità di Alba fucense negli Equi*, in-8° ; Rome 1836.

par de clairs exemples, encore aujourd'hui, de ce que c'étaient que les portes *scées*, fortifiées extérieurement d'une tour oblique placée au côté gauche (*skaios* en grec) : l'ennemi, gravissant la hauteur, laissait son côté droit, non muni du bouclier, à découvert. Aux énormes murs sinueux garnis de tours, aux galeries souterraines, œuvres des anciens habitans, les Romains ont ajouté, sur les flancs de la colline, une admirable triple enceinte ; un vaste *agger*, avec son fossé, défendait la campagne ; des églises chrétiennes ont remplacé, dans chacune des citadelles élevées sur les trois sommets, les temples de Jupiter, de Junon et de Minerve, qu'avaient peut-être précédés des autels consacrés aux dieux inconnus des populations primitives. Par sa situation sur la voie Valérienne, à l'issue de la vaste plaine des Champs Palentins, la seule qui offre une entrée facile vers le bassin lacustre, Albe était évidemment, surtout quand les eaux s'étendaient presque à ses pieds, la clé du pays et un excellent poste d'observation en même temps qu'une forteresse redoutable. Les Romains s'en servaient comme de prison d'état ; c'est là qu'ils enfermèrent Persée, le roi de Macédoine, et Bituit, le roi des Arvernes. On voit bien par ses ruines qu'elle a été pendant un temps riche et florissante : c'est d'Albe que sont venues au palais Colonna, dans Rome, où elles se voient encore aujourd'hui, les statues de Scipion et d'Annibal ; mais Charles d'Anjou dévasta un de ses plus beaux temples pour construire une église près du lieu de sa victoire sur Conradin de Souabe.

Si nous faisons le tour de l'ancien lac vers l'est et le sud, en plein pays marse, nous errons parmi des villes mortes qui paraissent avoir rempli un rôle historique dont nous retrouvons à grand'peine dans les textes quelques faibles vestiges. Telle est Marruvium, une ancienne capitale, dont les débris intéressants se retrouvent au village de San Benedetto. Fondée, disait-on, par un chef venu de Lydie, elle aurait été plus d'une fois engloutie par les eaux du Fucin. Une baisse considérable du lac a permis, en 1752, d'y faire des fouilles, qui ont donné, entre autres objets de valeur, les statues de Claude, d'Agrippine et de Néron, transportées alors au château de Caserte, et depuis au musée de Naples. Deux tours ou pyramides mutilées, ayant servi sans doute à des tombeaux, des restes de murs très étendus, un théâtre, des chapiteaux, des bas-reliefs, des sarcophages épars dans la campagne, et des inscriptions, à peu près toutes recueillies, témoignent encore de sa grandeur passée. Les légendes du moyen âge plaçaient dans toute cette contrée des palais magnifiques, souvenirs à demi effacés, et transformés par l'imagination populaire, des monuments que la domination romaine avait jadis élevés sur ces rives.

Sans nous arrêter au village de Venere, nom qui conserve assurément la mémoire d'un ancien culte, ni à celui d'Ortucchio, peut-être identique à l'île d'Issa, mentionnée par Denys d'Halicarnasse parmi les primitifs *oppida* des aborigènes, nous devons conjecturer que la puissance des Marses avait gagné du sud vers la côte occidentale du lac, puisque nous trouvons mentionnée de ce côté dans les textes anciens, comme faisant partie de la Marsique, une ville aujourd'hui, ce semble, complètement disparue, Angitia ou Nemus ou Lucus Angitiæ, dont le village actuel de Luco marque sans doute l'ancienne place. Quelle était au juste la déesse Angitia ? Son nom paraît signifier : celle qui étrangle. Lui venait-il de ce qu'elle avait enseigné aux anciens Marses comment triompher des serpents et guérir les blessures ? Était-elle identique à la déesse Angerona, qui avait un temple près d'une ancienne porte voisine du forum romain, et qu'on représentait avec un doigt appliqué sur ses lèvres, comme pour ordonner ou s'imposer à elle-même le silence ? Était-ce la divinité personnifiant l'angoisse intérieure, et en même temps la résignation, vertu stoïcienne et romaine, qui ne permet pas les cris de la douleur ? Était-ce enfin la déesse de l'angine ? Un vieil historien, cité par Macrobe, assure que les Romains atteints de cette maladie cruelle obtenaient par son intervention d'en être guéris. Toutes ces interprétations, dont il est possible que pas une ne soit la bonne, ont été données dans l'antiquité même. Quant à savoir s'il y avait réellement à côté du bois sacré et du temple d'Angitia une ville, c'est un autre problème qui n'a jamais été résolu, mais sur lequel cependant de curieux débris paraissent jeter quelque lumière. On a trouvé enfouis tout près de là des fragments de bas-reliefs qui représentent peut-être la cité disparue.

Le lac Fucin, autour duquel étaient établis les Marses, a été pour beaucoup dans la destruction de tous ces souvenirs. En même temps qu'il isolait et fortifiait cette région, trop souvent il la désolait, il la stérilisait et la couvrait de ruines. Le Fucin était le plus grand lac de l'Italie centrale et méridionale. D'une forme elliptique, il avait la vaste superficie de 15,000 hectares. Son grand axe, ce qu'on peut appeler sa longueur, du nord-ouest au sud-est, était de 20 Kilomètres, son petit axe de 11, sa profondeur de 18 mètres environ. Ces chiffres s'appliquent à la condition normale du lac, dans l'antiquité comme dans les temps modernes ; mais, par des causes sur lesquelles nous reviendrons, il avait eu de tout temps des variations considérables. On a des preuves que, dans les temps historiques, il a couvert de ses eaux la vaste plaine située au nord de son bassin. Julius Obsequens, qui a compilé dans les annales étrusques son livre sur les prodiges, note à la date de 138 avant l'ère chrétienne une crue qui a dû être terrible. Strabon dit qu'aussi vaste qu'une mer, tantôt il s'élève jusqu'au sommet des montagnes, tantôt il s'abaisse, restituant à l'agriculture les champs qu'il lui ravira de nouveau peu de temps après. Avec Marruvium, suivant les anciens auteurs, d'autres villes encore, Archippe, Penna, avaient été englouties. Chacune de ces inondations laissait après elle des marécages, de sorte qu'au culte de la déesse Angitia les Marses avaient ajouté ceux de Mephitas et de la Fièvre. Au lac Fucin lui-même ils élevaient des autels et offraient des sacrifices. Cette religion de la peur était commune à toute la primitive antiquité. Endiguer ou diriger les eaux eût semblé faire violence, comme on disait, à la déesse Nature, aussi bien que couper les isthmes et dessécher les marais. De telles œuvres étaient réservées à des héros, placés au-dessus de l'humanité par l'admiration des autres hommes.

César, grâce à la hauteur de son génie et au progrès des temps, n'avait plus de ces scrupules. Le lac Fucin ne retenait pas seulement improductive une grande étendue de terre au milieu même de l'Italie ; ses crues continuelles contribuaient de plus à la décadence de l'agriculture et aux difficultés toujours croissantes de l'approvisionnement de Rome. Il projeta d'y mettre un terme par de grands travaux hydrauliques, en même temps qu'il construirait une route offrant une précieuse communication entre l'Adriatique et la capitale. Il y voulait joindre le dessèchement des Marais-Pontins, l'établissement d'un vaste port à Ostie, et même l'ouverture d'un canal à travers l'isthme de Corinthe ; il assainirait ainsi trois importantes régions de l'Italie centrale, il contribuerait à écarter les obstacles qui alarmaient sans cesse le marché de Rome, et abrégerait les distances qui la séparaient des marchés de l'Orient.

On sait comment de si vastes projets furent interrompus. L'œuvre politique entreprise par Auguste absorba tout son règne et celui de Tibère. Cependant le fléau de la disette occupait une place toujours plus grande dans les préoccupations, dans les anxiétés des maîtres de l'empire. Ce fléau ne cessa d'agiter Rome et l'Italie pendant les années de Caligula ; de sorte que la pensée du gouvernement impérial se reporta inévitablement vers les grands projets conçus par César. Ce fut à l'empereur Claude que fut dévolue la tâche de les exécuter, à Claude dont l'histoire ne doit pas taire certains actes éclairés, et de qui la science curieuse, impartiale, de nos jours a retrouvé tant d'œuvres intelligentes et utiles. Son célèbre discours de Lyon a été le programme d'une politique juste et libérale. Son attitude fut équitable envers les populations vaincues : on connaît ses égards pour les traditions du peuple étrusque ; il mit fin décidément aux sacrifices humains en Gaule ; il protégea les esclaves. Les épigraphistes ont retrouvé, il n'y a pas dix ans, son édit de l'an 46 sur le droit de cité des Anaunes, et les découvertes ou les vérifications nouvelles de l'archéologie ont, d'autre part, beaucoup étendu la liste des grands travaux publics auxquels son nom doit rester attaché. C'est lui qui, pour achever de constituer l'administration des eaux, si importante aux yeux des Romains, fit ajouter à l'office consulaire des *curatores aquarum* celui des *procuratores aquarum*, choisis entre les affranchis de la maison impériale. C'est lui qui, après avoir déblayé et aménagé les embouchures du Tibre, construisit le port d'Ostie, avec deux jetées, une digue et un phare. Le plus grand et le plus beau des acqueducs romains qui subsistent aujourd'hui, celui qui, de la montagne, vient s'attacher à la Porte Majeure, doit lui être attribué. On a retrouvé d'autres aqueducs encore, élevés par Claude dans les autres parties de l'Italie ou de l'empire : un à Lyon, un en Étrurie, près de Vulci, sur la Fiora.

La région du lac Fucin devait attirer spécialement ses regards ; lui seul y exécuta le projet de César de mettre en communication les deux mers par une route transversale : continuant vers l'est la voie Valérienne, il lui fit franchir les défilés de l'Apennin oriental et construisit la voie Claudienne-Valérienne, des hauteurs voisines du lac aux embouchures de l'Aterno, sur l'Adriatique. Il y ajouta surtout ce grand travail de l'émissaire du Fucin vers le Liri, une des œuvres les plus remarquables de l'antiquité, que nous pouvons espérer de pouvoir connaître et décrire désormais, grâce aux explorations récentes, mieux qu'on n'avait pu le faire jusqu'à ce jour. Les derniers ingénieurs de Fucin ont étudié pierre par pierre, ce n'est pas trop dire, l'ancienne galerie romaine ; ils ont repris toute l'œuvre pour la refaire et l'agrandir, et, comme ils ont noté avec soin ce qu'ils ont vu, nous devons, avant de raconter leurs propres travaux, considérer leurs informations sur ceux des anciens, dont ils se sont si utilement aidés, et sans la connaissance desquels les leurs ne se comprendraient pas : occasion peut-être unique de comparer de si près pour de telles œuvres le degré qu'avait atteint la Rome impériale, et le progrès que les modernes ont accompli.

Le plan général adopté par les ingénieurs romains est parfaitement simple. Le fleuve Liri, devenu célèbre par tant d'épisodes historiques et qui va se jeter à Gaëte, passe au nord-ouest de la région du lac, à une distance de 5 kilomètres 1/2, avec une altitude de bassin notablement inférieure. Il est vrai que la haute montagne du Salviano, continuée dans la direction de l'ouest par les Champs Palentins, se dresse entre le lac et le fleuve ; mais cette difficulté n'arrêta pas les ingénieurs de Claude, qui résolurent de percer à travers la montagne, à 300 mètres au-dessous du sommet, un canal intérieur, facile à poursuivre sous la plaine voisine. Les points extrêmes de la ligne sur laquelle on devait opérer furent bien choisis et les nivellements généraux faits avec soin. La tête de l'émissaire, placée sur la côte nord-ouest du lac, se trouvait à 21m,8 au-dessus du fond du Liri ; l'embouchure étant d'autre part à 12m,64 au-dessus du même lit, la pente totale était de 8m,44 sur les 5,595 mètres qu'on avait à parcourir. On avait donc une inclinaison de 1m,50 par kilomètre, rien de plus simple. Comme le fond du lac, d'après les calculs approximatifs, les seuls qu'on puisse faire aujourd'hui, paraît être resté au temps de Claude inférieur de 1 mètre au moins à la tête de l'émissaire, on en doit conclure que l'entreprise visait non pas à un dessèchement complet, mais à un simple règlement des eaux, en même temps qu'au profit qu'on retirerait de la reprise d'une bonne quantité de terres à affermer ou à vendre. Tacite nous apprend que le célèbre affranchi Narcisse fut chargé de surveiller et de diriger les travaux, *Narcissum ministrum operis*. Probablement ce favori de l'empereur touchait du trésor les sommes jugées nécessaires, à la charge de payer à son tour les divers entrepreneurs (*redemptores*) et de faire entrer l'empereur en possession de la plus grande quantité possible de terres conquises sur les eaux. L'idée d'une spéculation avantageuse s'ajoutait certainement aux vues d'utilité publique, Suétone l'affirme : *non minus compendii spe quam gloriæ* ; des spéculateurs empressés étaient venus solliciter l'empereur, offrant de se charger d'une partie des dépenses moyennant des droits sur les terres nouvelles.

Il y a deux parties à distinguer dans l'ensemble du travail romain : d'une part l'émissaire proprement dit, d'autre par, l'*incile*, c'est-à-dire tout un système de constructions en avant de l'émissaire destinées à diriger et à maîtriser l'introduction des eaux. Le mot italien ou latin *incile*, qu'on veut dériver de *incidere*, désigne proprement le terrain réservé pendant les travaux préparatoires entre un bassin plein d'eau et la tête de l'émissaire qui doit lui donner écoulement, terrain que l'on coupe ensuite afin de permettre cet écoulement.

Pour ce qui est de l'émissaire même, probablement on commença de le creuser du côté de l'embouchure, un peu au-dessous du village actuel de Capistrello, sur le Liri. La première difficulté venait de la nature des terrains qu'il fallait traverser. On avait à creuser les trois quarts du tunnel, sans d'autres instruments sans doute que le pic et le ciseau, dans une roche calcaire, quelquefois très compacte et très dure, le reste au milieu de blocs détachés ou bien parmi les' argiles et les sables. Puis, comment amener ce qu'il fallait d'air respirable, par exemple dans la portion du tunnel à ouvrir sous le mont Salviano, à 300 mètres de profondeur, et comment extraire les déblais ? — C'est ici que se montre le déploiement inouï de moyens imparfaits, mais cependant énergiques, par où l'antiquité suppléait à l'infériorité de son industrie, dépourvue de nos puissantes et ingénieuses machines. L'air respirable était introduit, assurément en abondance, par les puits verticaux et par les *cunicoli*, galeries obliques traversant quelquefois plusieurs puits verticaux et correspondant par le tunnel avec d'autres galeries remontant en sens contraire, comme les branches d'un siphon. Sur toute la ligne du lac au Liri, les hardis mineurs romains n'ont pas creusé moins de quarante puits et de six *cunicoli*.

Ces mêmes galeries servaient à l'extraction des matériaux, grâce à un système dont on a l'image fidèle sur un bas-relief antique enfoui dans l'émissaire comme ceux d'Angitia. Ce fragment représente l'intérieur d'un des puits que nous venons de désigner, muni de boisages tels qu'on en a retrouvé un grand nombre dans les diverses galeries. Les croisées horizontales formées par ces boisages divisent le puits en quatre sections verticales, parcourues par quatre bennes ou seaux cylindro-coniques en cuivre, renforcés de larges bandes de fer. Ces bennes montent et descendent pour enlever les déblais à l'aide de cordages enroulés sur un tambour vertical, que des esclaves placés à l'ouverture supérieure du puits font tourner par une longue barre à l'extrémité de laquelle ils se tiennent, travail grossier, lent et pénible que des animaux eussent mieux accompli que des hommes. Une de ces bennes a été retrouvée intacte avec son entière armature.

Le contraste de l'insuffisance des moyens compensée par la prodigalité des efforts se montre en particulier dans un curieux épisode de la construction primitive que les explorations récentes ont seules révélé dans le détail. A l'endroit où le tunnel quittait la roche compacte qui forme la base du mont Salviano pour entrer dans les argiles des Champs Palentins,[1] il déviait tout à coup vers la gauche, et ne revenait que 132 mètres en aval vers la ligne normale. Un mur fermait la section de la galerie au lieu même où elle était abandonnée. De précédents explorateurs croyaient que les Romains avaient rencontré là une effroyable caverne et des eaux souterraines ; mais les derniers ingénieurs, en pénétrant dans ces lieux, y ont reconnu, à la nature des matériaux épars, un éboulement survenu au moment où les ouvriers romains maçonnaient cette partie. Les eaux du lac auront fait irruption, par suite d'une crue peut-être, alors que, la galerie étant ouverte tout entière, on achevait les travaux. L'éboulement causé par ces eaux aura coupé le tunnel en deux sections, celle d'amont restant inondée. Pour la dégager, les mineurs romains, se plaçant en aval de la partie obstruée, auront creusé vers leur droite et un peu au hasard un nouveau tronçon de galerie ramené bientôt en amont de l'éboulement, vers la roche du mont Salviano. Une fois en présence

---

1 Entre les puits 19 et 20. Le numérotage conventionnel des puits commence du côté de l'embouchure ; le mont Salviano se trouve entre le 22e et le 23e.

de ce mur de rocher et tout près de l'endroit où l'écoulement était interrompu, ils auront percé ce mur avec précaution, de manière à procurer à l'eau une issue qu'ils pourraient modérer. Quant à l'éboulement, ils l'enfermaient entre des murs et ne s'en occupaient plus. Voilà bien d'une part l'impuissance des anciens mineurs dépourvus de machines d'épuisement (la pompe de Ctésibius ne leur suffisait pas), et d'autre part leur intrépidité à se creuser à une profondeur de 90 mètres une voie nouvelle et irrégulière. Cette opération, disent MM. Brisse et de Rotrou, dut être une des plus pénibles et des plus dangereuses de toute l'entreprise. Les constructeurs modernes, obligés de continuer le déblai à travers l'éboulement pour rectifier la courbe, durent avoir recours ici à l'air comprimé ; comment les Romains, qui n'avaient pas cette ressource, ont-ils fait pénétrer l'air nécessaire dans ce nouveau tronçon de galerie jusqu'à ce qu'une communication avec le tunnel en amont fût ouverte ? Les mille difficultés qu'ils ont dû subir et leurs expédiens imprévus ont excité l'étonnement de ceux qui étaient appelés, dix-huit siècles plus tard, à leur succéder devant les mêmes obstacles.

D'autres imperfections, qui eussent pu être évitées, déparaient l'émissaire de Claude. D'abord on avait substitué à la ligne droite une direction se composant de trois lignes qui se rencontraient sous des angles très ouverts. Secondement, ces trois grandes lignes elles-mêmes n'avaient pas été exactement suivies, et de fréquentes déviations attestaient une grande inexpérience ou plutôt peut-être une grande négligence dans l'exécution. En troisième lieu, la pente de l'émissaire, au lieu d'être uniforme, était interrompue par quelques contre-pentes dont les sommets étaient plus élevés que l'entrée même de la galerie souterraine, et qui devaient donc nécessairement faire obstacle au passage des eaux. Enfin, tandis que l'ingénieur, à n'en pas douter, avait assigné à la galerie souterraine une ouverture ou une surface de section transversale mesurant 8m,50, on constatait, dans un grand nombre de tronçons intérieurs, que cette ouverture était réduite de la moitié ou des deux tiers, ou même ne présentait plus qu'une sorte de trou informe placé en dehors de taxe normal, et par où l'eau s'introduisait difficilement, Ce vaste émissaire souterrain de 6 kilomètres, auquel il faut ajouter les immenses appendices des *cunicoli* et des puits, qui ont doublé le travail, semble donc avoir été bien conçu et mal exécuté, soit par la faute des ouvriers, soit par celle des entrepreneurs parcellaires, soit par celle du directeur de l'entreprise, ce qui ne l'empêche pas, à cause de la grandeur des difficultés vaincues, de devoir compter parmi les œuvres les plus considérables qu'ait accomplies l'antiquité.

Nous avons dit qu'en avant du tunnel l'ingénieur romain avait placé un système de constructions ayant pour objet de diriger et de maîtriser la transmission des eaux. C'est l'ensemble de ces ouvrages qu'on désigne sous le nom d'*incile* : les débris de maçonnerie qu'on en a retrouvés, et dont MM. Brisse et de Rotrou, dans les planches de leur volume, ont reproduit à peu près complètement le détail, ont été assez considérables pour que la forme primitive et surtout le but en fussent restitués avec quelque certitude. Il y avait trois ouvrages différents. Sur la rive même, un petit canal aux bords évasés et fortifiés contre les affouillements du lac servait de prise d'eau. Puis venait, après une vanne de sûreté, un premier bassin qu'on a supposé, d'après les débris subsistants, avoir dû être de forme hexagonale ; il était suivi d'un second bassin en forme de trapèze et inférieur de 5m,48, qui aboutissait précisément à l'entrée du tunnel. Une vanne se trouvait entre les deux bassins, et une troisième à la tête de l'émissaire.

C'est avec le souvenir de ces dispositions qu'il faut essayer d'expliquer certains textes de Tacite, restés jusqu'à présent très obscurs. On était arrivé à la fin du règne de Claude ; les onze années pendant lesquelles on avait employé au travail de l'émissaire, selon Suétone, 30,000 ouvriers étaient terminées. Narcisse venait de déclarer à l'empereur que tout était prêt pour l'inauguration. Claude, fier de l'œuvre accomplie en son nom, voulut qu'on célébrât à cette occasion une brillante naumachie, pour laquelle on construisit deux flottes composées de trirèmes et de quadrirèmes, les plus forts bâtiments de cette époque. Elles avaient pour équipage 19,000 condamnés ; des radeaux dressés le long des rives étaient montés par les soldats de la garde prétorienne et ceux de la marine, et portaient des machines de guerre prêtes à imposer le courage à ceux qui devaient combattre pour le plaisir de César. Celui-ci, vêtu du manteau impérial, était entouré de sa cour ; il avait à ses côtés Agrippine, qui portait la chlamyde d'or, et le jeune Néron. Le signal de la bataille fut donné par un triton d'argent qu'un mécanisme hydraulique faisait résonner et mouvoir, et, après le combat, on procéda à l'ouverture de l'émissaire. C'est à décrire ce dernier épisode que Tacite emploie des expressions que l'examen raisonné des travaux primitifs peut sans doute aider à mieux comprendre : « Le spectacle achevé, — nous empruntons la traduction de M. Burnouf, — on ouvrit passage aux eaux, et alors parut à découvert l'imperfection de l'ouvrage : le canal destiné à la décharge du lac ne descendait pas à la moitié de sa profondeur. On prit du temps pour creuser davantage, et, afin d'attirer de nouveau la multitude, on donna un combat de gladiateurs sur des ponts construits à ce dessein. Un repas fut même servi près du lieu où le lac devait se verser dans le canal, et devint l'occasion d'une terrible épouvante. Cette masse d'eau violemment élancée entraîna tout sur son passage, et ce qu'elle n'atteignit pas fut ébranlé par la secousse ou effrayé par le fracas et le bruit. Agrippine, profitant de la terreur du prince pour l'animer contre Narcisse, directeur de ces travaux, l'accusa de cupidité et de vol. Narcisse ne manqua pas d'accuser à son tour le caractère impérieux de cette femme et son ambition démesurée.[1] »

Voilà un très curieux récit, auquel par malheur manque une suffisante clarté. Que signifient ces expressions de l'historien romain : *Incuria operis manifesta fuit… Eoque tempore interjecto altius effossi specus*" ? Il semblerait, à lire le traducteur, que l'émissaire tout entier, placé trop haut, dut être creusé davantage ; plusieurs l'ont décidément entendu de la sorte : interprétation inadmissible, car c'eût été un travail énorme d'abaisser le radier ou plancher du tunnel, et Tacite indique évidemment qu'un temps peu considérable dut suffire pour pratiquer entre les deux inaugurations le changement ordonné par Narcisse. La tradition, d'accord avec le texte, prétend que l'empereur resta pendant cet intervalle sur les bords du lac, habitant une villa située dans les environs du bourg actuel de Trasacco. De plus, l'inspection du tunnel faite avec tant de soin par M. Brisse atteste qu'il n'y a pas eu de retouches. Les expressions dont s'est servi Tacite sont assurément peu précises, mais les traducteurs n'ont pas cherché ou n'ont pas réussi à les comprendre, ce qui était à la vérité difficile sans l'aspect des lieux. Voici comment pourraient s'expliquer, ce semble, les circonstances

---

1 *Annales*, XII, 57-8.

auxquelles le récit de l'historien fait allusion.

Il va de soi qu'une masse d'eau telle que celle du lac Fucin ne pouvait s'écouler que progressivement, grâce à l'approfondissement successif du canal d'écoulement conduisant les eaux à la galerie souterraine. Lors de la première inauguration que Tacite vient de nous décrire d'une manière insuffisante, Narcisse put montrer à l'empereur le lac s'écoulant d'abord par le petit canal, puis dans le bassin hexagonal, puis, avec une chute de 5m,48, par le bassin trapézoîde jusque dans l'émissaire. Ses ennemis firent remarquer à l'empereur, bien à tort sans doute, que sa prise d'eau était établie à une faible profondeur, qu'une petite partie seulement des terres serait desséchée, et que, par suite, la spéculation présenterait, après d'énormes dépenses, bien peu d'avantages. Narcisse avait sa réponse toute prête : on devait attendre, put-il dire, que le premier abaissement du lac fût terminé ; alors il établirait plus bas une autre prise d'eau et tout un nouvel appareil. Bien mieux, il avait préparé à l'avance cette seconde opération. Pour répondre aux médisances, il n'avait eu qu'à chercher un moyen de montrer dès maintenant aux yeux de tous que les eaux, une première fois abaissées, trouveraient une autre ouverture plus bas encore. Les débris de ses constructions ont fait voir, disions-nous, que le bassin hexagonal, où le petit canal riverain amenait les eaux, était de 5m,48 plus élevé que le bassin trapézoïde, placé immédiatement en aval, et destiné à les introduire dans l'émissaire même. On a trouvé en outre une galerie sous ce bassin, galerie communiquant en amont, c'est-à-dire vers le lac, avec un puits qui remontait vers le petit canal d'ouverture. Rien de plus naturel que de penser que ces travaux faits après coup sont précisément ceux auxquels fait allusion Tacite. Narcisse aura supprimé la différence de niveau, aux yeux de ceux que la chute de l'hexagonal dans le trapézoïde aurait déjà dû convaincre, en faisant construire sous le premier de ces deux bassins une galerie couverte, où il aura amené les eaux par le puits qu'on a pu voir muni encore des rainures destinées à ses vannes. Il n'y a pas besoin d'être bien expérimenté dans la science hydraulique pour comprendre que, pendant toute la durée d'une opération telle que l'écoulement d'un grand lac, l'ingénieur est toujours en présence d'un cône formé d'un côté par la ligne de la rive, qui se découvre lentement, et de l'autre côté par la ligne inclinée des conduits provisoires entraînant les eaux vers la galerie définitive. Ces conduits ou canaux sont naturellement destinés à être détruits dès que le niveau du lac s'est abaissé jusqu'à leur orifice et à être remplacés par d'autres conduits posés plus bas ; en même temps le cône, tranche par tranche, se trouve diminué, jusqu'à ce que soit atteinte la pente *minima* à donner aux ouvrages précédant l'émissaire. Narcisse avait placé au niveau définitif le radier du bassin trapézoïde ; et les 5m,48 qu'avait de plus en hauteur le bassin hexagonal représentaient, sauf la pente définitive à conserver, l'élévation du cône dont il comptait se défaire pour abaisser le lac de 5 mètres environ. C'est ce qu'il rendit visible à l'avance en amenant les eaux dans le nouveau canal creusé au-dessous du bassin hexagonal ; ce travail pouvait bien s'accomplir en quelques semaines, puisqu'il se faisait à ciel ouvert sur une longueur de 28 mètres seulement. La preuve était donnée qu'en peu de temps une quantité notable de terres reconquises à l'agriculture s'ajouterait à celle qu'on avait trouvée insuffisante. La hauteur que l'ingénieur avait assignée à la tête de l'émissaire répondait d'ailleurs par elle seule à toutes les critiques.

Si cette explication est juste, nous savons maintenant, ce qu'il faut entendre dans le récit de Tacite par les mots *opus* et *specus*. L'historien a d'abord voulu dire qu'on reprochait à Narcisse d'avoir placé trop haut, par une prétendue négligence, le radier du bassin hexagonal. Il a voulu rappeler ensuite que, dans le bref délai qui sépara les deux inaugurations, Narcisse fît creuser par-dessous ce même bassin. On peut être d'avis qu'écrivant près d'un demi-siècle après, et sans avoir été témoin oculaire, il ne s'est pas exprimé d'une manière précise ; voilà du moins les circonstances, mal connues de lui-même, auxquelles il a fait allusion.

Nous avons encore à expliquer ce qu'il mentionne à propos de la seconde inauguration. Le commentaire paraît ici plus facile, car, tandis que les constructions antiques auxquelles nous venons de nous référer ont disparu dans les constructions modernes et ne se retrouvent plus que dans les dessins de nos ingénieurs, on n'a au contraire qu'à visiter aujourd'hui encore les travaux du Fucin pour retrouver la trace subsistante de l'accident survenu il y a dix-huit cent vingt-cinq ans. Voici très probablement ce qui eut lieu. Le bassin hexagonal était devenu inutile, puisque l'eau ne devait plus couler que dans un canal pratiqué en dessous de ce bassin.

Narcisse, sur qui pesait la nécessité d'amuser un maître afin de mater une cour hostile, s'avisa de faire dresser par-dessus, avec des charpentes, un échafaudage du haut duquel on verrait l'eau du canal s'engouffrant dans le puits en amont. Il y plaça les spectateurs ; mais une faute avait été commise : la vanne de sûreté placer à l'entrée du puits était mal située pour régler l'écoulement, et soutenir le premier choc. Les eaux la rompirent, ne suivirent pas à route qu'on leur avait ouverte, allèrent renverser la partie supérieure du mur qui séparait le bassin trapézoïde du bassin hexagonal, et refluèrent avec impétuosité dans celui-ci, qui était tout encombré par les étais du pavillon impérial. MM. Brisse et de Rotrou ont donné dans leur atlas le dessin de ce mur, avec la réparation antique très nettement marquée, et il est facile au visiteur actuel de l'apercevoir de la plaine même du Fucin, par une ouverture qui laisse à découvert une portion de l'ancien bassin hexagonal.

Il est toujours intéressant de pouvoir proposée un commentaire de plus aux récits d'un écrivain tel que Tacite ; d'autant plus qu'il s'agit d'une page historique, importante à plusieurs égards, sur laquelle on n'avait jusqu'à présent aucune vraie lumière, et que viennent éclairer les témoignages des monuments. MM. Brisse et de Rotrou ont donc rendu un double service, en faisant connaître ces monuments, et en donnant leurs conjectures sur la comparaison avec les textes. Ils ont beaucoup chargé Narcisse ; ils pensent trouver la preuve des pillages qui lui ont été reprochés dans la manière dont l'émissaire a été exécuté. Les conceptions de l'ingénieur étaient excellentes, disent-ils, mais Narcisse a voulu gagner sur les matériaux et sur la main-d'œuvre ; il a été coupable de deux façons : il a fait avec les entrepreneurs parcellaires des marchés au rabais, et il les leur a laissé exécuter bien ou mal ; nous aurions ici un exemple des moyens qu'avait un puissant affranchi pour acquérir ou pour augmenter une immense fortune.

Il est certain que ces favoris des empereurs étonnaient Rome par leurs énormes richesses : on a évalué celles de Pallas à 60 millions de notre monnaie, et celles de Narcisse à 80. Polybe et Callistos n'étaient sans doute pas moins favorisés. Il est très vrai, Tacite en témoigne sans cesse, quelles plus graves accusations circulaient dans Rome sur les intrigues auxquelles ces hommes avaient, disait-on, recours. Ne faut-il pas toutefois tenir compte des jalousies et des haines que suscitait dans les rangs de l'aristocratie romaine, alors bien déchue, le succès des affranchis ? On sait combien, depuis Auguste, le gouvernement impérial, peu sûr du concours de la noblesse, avait apprécié les services très effectifs de cette sorte de classe moyenne récemment parvenue à la vie politique. Il n'est pas impossible qu'un certain nombre d'entre eux se soient enrichis légitimement par le commerce et l'industrie, qui prenaient alors un si grand essor dans le monde romain, grâce en partie à leur active intelligence. Narcisse parait bien avoir commis d'accord avec Messaline des extorsions et des cruautés ; Agrippine, dont il était l'ennemi déclaré, l'a publiquement accusé, comme nous le dit Tacite, de s'être approprié une partie des fonds destinés au dessèchement du Fucin. La conjecture de MM Brisse et de Rotrou est donc ingénieuse et vraisemblable ; elle a le grand avantage d'être en accord avec les bruits rapportés par Tacite et Dion Cassius. Cependant cet accord même est peut-être une cause de suspicion ; il n'est pas absolument décidé si les imperfections du tunnel doivent être imputées de préférence aux entrepreneurs ou au directeur, et s'il y a eu de la part de ce dernier dilapidation ou simple négligence. Nous avons vu que les accusations formulées lors de la première inauguration ne s'étaient pas vérifiées : l'accident survenu plus tard était peut-être la meilleure justification des premiers travaux. Il semble donc que les charges contre Narcisse, quelque probables qu'elles soient, ne sont pas accompagnées ici des preuves les plus concluantes.

Suivant les calculs de M. Brisse, le premier écoulement du Fucin a nécessairement duré un an, pour faire baisser le lac de 2 mètres au plus. On peut en conclure que Narcisse n'a pas achevé l'œuvre qu'il avait préparée ; il n'a pas ; comme ce devait être son dessein, pratiqué une nouvelle prise d'eau et procédé à un second écoulement. Il en aura été empêché par les intrigues de ses adversaires et par la diminution de son crédit pendant la dernière année du règne de Claude. Dion Cassius nous dit qu'il fut accusé, à propos de l'accident de la seconde inauguration, d'avoir préparé lui-même la mort de l'empereur et d'Agrippine, afin d'effacer dans un grand désastre les vestiges de ses fraudes. Les deux épisodes que Tacite nous a racontés sont de l'année 52 ; Claude mourut en octobre 54, après quoi Narcisse, d'abord emprisonné, reçut l'ordre de se donner la mort. L'émissaire de Claude ne fonctionna donc comme galerie de dessèchement que pendant un temps limité, jusqu'au terme d'un premier écoulement que la seule circonstance d'une crue aurait pu prolonger. Il put fonctionner quelque temps aussi comme trop-plein du lac ; mais au bout de quelques années il s'obstrua. Pline le naturaliste, présent lors de la première inauguration et admirateur de l'émissaire, n'hésite pas à en accuser Néron, qui, par haine ou dédain pour le souvenir et les œuvres de son prédécesseur, négligea volontairement, dit-il, un entretien très nécessaire.

Fut-ce l'empereur Trajan, toujours si attentif aux intérêts matériels de l'Italie, qui reprit les travaux du Fucin ? On peut s'appuyer pour l'admettre sur une inscription[1] exprimant un hommage du sénat et du peuple romain à cet empereur « pour avoir reconquis et restitué à leurs propriétaires les champs que la violence du lac Fucin avait inondés. » Cette inscription, après avoir été remarquée pour la première fois, disait-on, vers 1636 dans la petite ville d'Avezzano, n'avait été publiée qu'une vingtaine d'années plus tard, et déjà on ne retrouvait plus ce marbre, bien qu'il dût orner la base d'une statue de Trajan. La rédaction en a paru fautive à plusieurs érudits ; rejetée par Orelli, elle est finalement acceptée par son savant continuateur, M. Henzen. En tout cas, Trajan ne dut rien faire ici de bien considérable. A en croire l'inscription même, ce serait peu avant sa mort qu'il aurait commencé ces travaux : il dut se borner à déblayer les parties de l'émissaire et de l'*incile* qui se trouvaient obstruées ; cela pouvait suffire pour rendre aux propriétaires les terres conquises au temps de Claude.

Spartien nous atteste qu'Adrien à son tour fit au Fucin des travaux importants : *lacum Fucinum emisit*. Ces trois mots paraissent indiquer à eux seuls de nouveaux résultats. On cite en outre deux médailles, et une inscription, trouvée aussi dans Avezzano, qui conserve le souvenir d'un certain M. Marcius Justus, vétéran de la septième cohorte prétorienne de cavalerie dans l'armée d'Adrien, devenu magistrat d'Albe et curateur de l'émissaire ; cela ferait croire à l'établissement sous Le règne de cet empereur de toute une administration relative au Fucin. Enfin M. Brisse a retrouvé des tronçons de galerie inférieure construite, évidemment sous

---

1 Orelli, 796.

l'empire, et d'après lesquels il lui paraît certain qu'Adrien ouvrit la muraille servant. de base au puits pratiqué par Narcisse pour la seconde inauguration, et mit de la sorte sa prise d'eau nouvelle en communication immédiate et directe soit avec le canal creusé jadis au-dessous du bassin Hexagonal, soit avec le radier du bassin trapézoïde et l'entrée de l'émissaire. Adrien aurait donc achevé ce que Narcisse avait préparé ; il aurait ajouté réellement à l'étendue des terres déjà desséchées toutes celles que découvrit un second écoulement des eaux.

Il est très probable en effet qu'à partir d'Adrien le niveau du lac fut très notablement abaissé, puisque d'une part nous ne rencontrons plus après lui aucune mention d'opérations nouvelles autres que des déblaiements, et que d'autre part on a retrouvé, paraît-il, à une certaine profondeur dans le bassin du lac, des restes d'habitations et de plantations antiques, des souches d'arbres assez grosses et encore à leur place, peut-être même des traces de briqueteries devant dater de l'époque impériale. Du IIe au XIIIe siècle, on n'a plus de témoignage sérieux d'aucune sorte concernant l'émissaire du Fucin. De très vagues indices conduisent à croire qu'il fut entretenu jusqu'à l'époque des invasions barbares, avec un procurateur et tout le personnel ordinaire de l'administration romaine. Probablement ces fonctionnaires habitaient, près de l'*incile*, où l'on a découvert en 1855 les restes d'habitations assez considérables, d'une salle de bains, d'un cimetière, et d'un petit temple ou d'une chapelle dont l'inscription[1] indiquait qu'elle était consacrée au culte de la famille des Césars, à celui des dieux Lares, et même au génie du Fucin, honoré en divers endroits sur les bords du lac. Ces détails sont d'autant plus curieux qu'ils concordent avec plusieurs autres ; on voit quelquefois par exemple dans les livres le mot *incile* interprété comme étant le nom d'un bourg ou d'une petite ville : est-ce une simple erreur ou bien un souvenir à demi effacé ? En outre des constructions romaines que nous avons énumérées comme précédant l'émissaire, on voit sur le flanc du mont Salviano l'admirable ouverture du *cunicolo maggiore*, c'est-à-dire de la galerie inclinée qui descend du pied de la montagne jusque dans l'émissaire, galerie primitivement destinée au service des travaux et à l'aérage des chantiers. Sur ce point encore, les

---

1 *Onesimus Aug. lib. proc. fecit imaginibus et Laribus cultoribus Facini/*

Romains n'ont pas plaint le travail ; ces énergiques ouvriers ont pratiqué sur le flanc de la montagne et en s'enfonçant dans la roche trois ouvertures superposées en forme de voûte, qui s'inclinent doucement l'une vers l'autre, et atteignent finalement, mais à une assez grande profondeur, la galerie inclinée. Au moment où nous descendions par cette route oblique vers l'intérieur du tunnel, une femme descendait aussi, un vase à la main, pour aller puiser l'eau d'une source précieuse qui se trouve à mi-chemin vers la gauche dans le *cunicolo*, et qui a la réputation de faire venir le lait aux accouchées qui en manquent. Non-seulement elles boivent cette eau, mais elles portent sur elles quelque petite pierre enlevée du fond de la source, ou bien elles y déposent quelque caillou et souvent des pièces de monnaie en manière d'ex-voto. Cet usage et cette croyance séculaires paraissent se relier à un souvenir de vénération pour les chrétiens persécutés qui auraient été enfermés dans ces souterrains et nourris par cette eau miraculeuse. Febonio, l'historien des Marses, qui écrit dans le dernier tiers du XVIIe siècle, mentionne comme visibles de son temps un autel à Dieu le père et des peintures représentant la trinité, autel et peintures consacrés vers l'entrée, ce semble, du *cunicolo maggiore*, par ces premiers chrétiens. On n'en a rien retrouvé aujourd'hui ; tout cela prouve cependant que la fréquentation de ces lieux avait été pendant un certain temps populaire, alors sans doute qu'une partie des rives du lac Fucin, rendue naguère à l'agriculture, appelait les riverains à une activité nouvelle.

Jusqu'au temps de Frédéric II de Souabe, devenu roi de Naples, nous ne trouvons aucun renseignement sur le lac Fucin. Vers 1240, ce souverain puissant, qui a rempli l'Italie méridionale de ses monuments et de son souvenir, entreprit une restauration de l'émissaire de Claude, mais si inexpérimentée et si peu intelligente, au témoignage de ceux qui en ont retrouvé les traces, qu'à leur avis elle dut rester tout à fait inutile. A ses ouvriers on impute la barbarie d'avoir employé en guise de matériaux, après les avoir brisés, les bas-reliefs romains retrouvés pendant les travaux modernes. Peut-être, dans la première moitié du XVe siècle, le roi Alphonse Ier d'Aragon fit-il une tentative, qui en tout cas demeura sans résultats. Le célèbre architecte de Sixte-Quint, Fontana, y fut vainement employé en 1600 ; une crue du lac empêcha ou ruina ses travaux. Des dispositions qui paraissaient sérieuses, et qu'avaient suscitées, à la fin du XVIIIe siècle, de nouveaux dangers, furent arrêtées par les événements politiques. Cependant la terrible crue qui eut son maximum en 1816 remplit la contrée de misère et de deuil. Ce n'étaient plus seulement les terres riveraines qui étaient submergées, les bourgs et villages étaient envahis, les maisons s'effondraient, la famine menaçait. Ce fut une crise salutaire qui hâta l'issue tant désirée ; il y fallut toutefois bien des années encore, pendant lesquelles parurent les publications d'un habile ingénieur napolitain, Afan de Rivera. En homme de science pratique et de bon sens, il rompait avec toute une école de prétendus érudits qui n'étudiaient guère la question du Fucin que dans les textes peu nombreux et peu clairs de Pline l'ancien, de Suétone, de Tacite et de Dion Cassius. Après avoir inspiré confiance par ses travaux préparatoires au gouvernement napolitain et à l'opinion publique, il obtint les fonds nécessaires pour déblayer, de 1826 à 1835, le tunnel construit par Claude. Ce n'était à ses yeux que la moitié de la tâche : il comptait faire adopter un projet suivant lequel, en remaniant les constructions de l'*incile*, on obtiendrait de dessécher la moitié du lac. Pendant qu'on hésitait, Rivera mourut, vers 1845 ; le lac, sorti encore une fois de ses limites, pénétra dans l'émissaire, dans lequel l'ingénieur, s'attendant à être chargé d'un travail d'ensemble et définitif, n'avait établi çà et là que des boisages sans maçonnerie. Ces ouvrages provisoires furent ruinés par les eaux, et l'émissaire se trouva dans un état pire que celui qu'avait créé le long abandon du moyen âge. La contrée se voyait menacée en 1851 des mêmes périls qu'en 1816. Enfin une société se forma pour entreprendre à ses risques et périls l'entier dessèchement du lac, à la condition de devenir propriétaire d'une grande partie du sol reconquis. Cette société avait-elle bien calculé quelles seraient les dépenses d'un si grand travail ? Rien de moins probable ; il devint bientôt évident qu'elle ne suffirait pas à la tâche. Heureusement le prince Torlonia, qui s'était inscrit pour la moitié du capital social, avait fait de son côté ses calculs. Voyant fort mal engagée une affaire où intervenaient les plus grands intérêts publics et privés, il prit hardiment son parti, racheta les actions qui représentaient la seconde moitié du capital social, et à partir de ce jour conduisit sans interruption vers le succès une entreprise que, pendant une longue série de siècles, les divers gouvernements avaient vainement tentée.

Section II

Un complet examen des conditions dans lesquelles était placé le lac Fucin devait conduire la science moderne à en vouloir accomplir le complet dessèchement. Le lac Fucin était ce qu'on appelle un lac fermé, c'est-à-dire qu'il ne perdait par aucune ouverture rien de ses eaux ; tout au plus trouvait-on vers la côte nord-ouest, entre des bancs de calcaire disjoints, quelques absorbants, qui n'agissaient que dans les grandes eaux et s'obstruaient aisément. Nulle grande rivière ne s'y déversait ; il ne recevait guère que des torrents, tantôt presqu'à sec, tantôt redoutables. Nul lac compris dans son bassin hydrologique ne lui envoyait son tribut. Il n'était alimenté, à vrai dire, que par les pluies et la fonte des neiges : il ne perdait rien que par l'évaporation, cause perpétuellement active et essentiellement variable, car elle dépend de l'état hygrométrique de l'atmosphère, qui change sans cesse. Supposez, dit M. Brisse, une série indéfinie d'années humides, c'est-à-dire pendant lesquelles les pluies l'emportent sur l'évaporation, un tel lac montera jusqu'au moment où il aura acquis une superficie sous l'influence de laquelle l'évaporation lacustre lui enlèvera un volume égal à celui que lui apporteront les pluies, situation dans laquelle il aura atteint son maximum d'étendue, et demeurera stationnaire, au grand danger de toute la contrée. Les sondages démontraient d'ailleurs que la cuvette du lac était peu profonde, la pente générale uniforme et douce, le fond composé d'une énorme couche d'argile surmontée d'une couche épaisse de terre végétale. En effet, à mesure que les hommes avaient déboisé les montagnes environnantes, l'humus caché dans les replis de ces montagnes avait glissé dans le bassin lacustre ; outre cela les millions de fascines que, depuis des siècles, les pêcheurs jetaient dans les eaux pour prendre le poisson avaient préparé, en pourrissant, un sol admirable à l'agriculture. En présence de telles données, la tentation était irrésistible de reconquérir, au prix de quelques efforts, de si précieux éléments de richesse.

Le prince Torlonia, en se chargeant seul de toute l'entreprise, en transformait à la fois les conditions et le caractère. Ce n'était plus une œuvre anonyme, car il avait l'ambition et la volonté d'attacher son nom à un de ces grands travaux où l'honneur et l'intérêt national se confondent avec l'honneur et l'intérêt privé. La question financière n'était plus un embarras : les 40, les 50 millions nécessaires, on les aurait à point nommé, sans incertitudes, sans retards. Tout se simplifiait. Il y avait bien un traité de concession, légué par la compagnie napolitaine, qui contenait des clauses rigoureuses ; mais on n'avait pas lieu de s'en inquiéter, parce que, dans les conditions nouvelles de l'entreprise, ces clauses ne pourraient être maintenues. Les précautions que le gouvernement napolitain avait cru devoir prendre à l'égard d'une société où devaient figurer surtout des étrangers n'avaient plus de raison d'être ; plus de service d'intérêt à des actionnaires pendant la durée des travaux, plus de complaisances à acheter de côté et d'autre ; on apportait au gouvernement, au pays, la formelle assurance d'un grand bienfait tout gratuit, aux populations un avenir indéfini de travail, c'est-à-dire de moralité et de bien-être. L'œuvre allait s'avancer avec unité, sûreté, confiance, pourvu que le prince trouvât des ingénieurs habiles et dévoués.

Il eut la main heureuse lorsque, refusant d'abdiquer entre les mains d'un entrepreneur-général, comme le gouvernement napolitain le conseillait, ou bien entre celles, tout aussi suspectes et dangereuses, d'entrepreneurs parcellaires, il choisit un ingénieur français encore jeune et déjà célèbre, M. de Montricher, qui venait d'exécuter les beaux travaux amenant la Durance à Marseille, et de construire l'aqueduc de Rocamadour. M. de Montricher, homme de cœur et de vive intelligence, devait mourir prématurément en Italie pendant l'année 1858, non sans avoir donné les plans principaux et exécuté même les commencements de l'œuvre. Sa pensée devait lui survivre : le prince n'y voulut pas d'autres continuateurs et d'autres interprètes que deux ingénieurs français, depuis longtemps ses collaborateurs et amis : M. Bermont, que la maladie força de se retirer en 1869, et M. Alexandre Brisse, qui, depuis lors, n'a pas cessé de diriger les travaux, de remédier à d'immenses difficultés, très imprévues, et d'ajouter aux données primitives les ressources d'un talent éprouvé.

Après les études nécessaires, M. de Montricher présenta au prince Torlonia deux projets. Suivant l'un, économe des deniers de son puissant patron, il se contentait, en abaissant le radier de l'émissaire romain, de donner à toute la galerie souterraine une surface de section transversale de 12 mètres carrés ; mais dans l'autre il exposait que les résultats seraient bien plus sûrement conquis, moyennant une dépense beaucoup plus élevée il est vrai, avec une surface de section de 20 mètres. Le prince n'hésita pas à choisir le second projet, et les travaux s'ouvrirent le 10 juillet 1854, par la construction d'une vaste digue ayant pour objet d'isoler des eaux l'émissaire et l'*incile*. On ne put toutefois commencer d'attaquer l'émissaire qu'à la fin de 1855, car dès le premier jour mille difficultés d'exécution s'étaient produites. On se trouvait en présence d'une crue qui ne cessa, pendant une longue période, d'être gênante. On ne rencontrait pas de bons matériaux à de courtes distances ; on avait à vaincre, chez les populations locales, l'inexpérience complète, l'indolence d'abord invincible, l'entière répugnance pour les travaux souterrains : il fallut fabriquer la plupart des instruments soi-même, et leur apprendre à s'en servir. Heureusement M. de Montricher fit appel à ces laborieux *tâcherons* avec lesquels, pendantes années précédentes, il avait accompli en Provence tant de campagnes souterraines. Ils vinrent, ils apportèrent de France en Italie l'exemple de la discipline, du courage, du dévouement. Ces premiers obstacles n'étaient rien d'ailleurs en comparaison de ceux qu'on allait devoir affronter.

Quelques chiffres donneront seuls une exacte idée de ce qu'on voulait accomplir. L'extrême fond du lac se trouvait à la cote 14m,85, c'est-à-dire qu'il était plus élevé de cette quantité qu'une ligne imaginaire *zéro*, tirée à partir d'un point convenu situé lui-même à 2m,64 au-dessous du radier romain à l'embouchure vers le Liri, On arrêta que le radier du tunnel reconstruit serait, en tête de la galerie, à 7m,83. C'était le placer 3m,25 plus bas que celui de l'émissaire romain, qui était à 11 mètres. La différence de niveau résultant de la entre le fond du lac et la galerie nouvelle était jugée nécessaire pour obtenir l'entier dessèchement. Du côté de l'embouchure, le nouveau radier était fixé à 1m,83, c'est-à-dire à 80 centimètres plus bas que l'ancien radier romain. Entre ces points extrêmes, sur une étendue de près de 6 kilomètres, on voulait, en se servant de l'antique galerie, en abaisser uniformément le radier, en régulariser les pentes, en rendre la section partout égale, la munir d'une forte maçonnerie et de pierres de taille, en un mot la refaire tout entière.

On commença d'opérer par l'embouchure ; mais bientôt que de difficultés, que de dangers, que d'obstacles rebutants ! Si encore on eût abordé l'émissaire romain tel qu'il était au commencement de ce siècle, lorsque depuis de longues années nul n'y avait tenté aucune sorte de travaux, on eût rencontré des éboulements sans doute, mais tassés par le temps, et au milieu desquels on se serait peut-être aisément frayé un passage ; mais le déblaiement opéré par Rivera de 1824 à 1835, et non suivi d'une reconstruction sur laquelle il comptait, avait tout gâté. Ses imparfaits boisages, trempés par les infiltrations d'une crue, s'étaient promptement pourris et écroulés avec des parties de terre et de vieille maçonnerie qu'ils soutenaient, de sorte que vingt ans après lui on ne trouvait plus dans certains tronçons de l'émissaire que des ruines indicibles, une boue infecte, une argile crasse ne se détachant qu'avec peine, des écartements de terre ou de bancs rocheux par où l'eau coulait ou même jaillissait en abondance, de grosses pierres prêtes à s'échapper des voûtes, cela dans une galerie telle que nous l'avons décrite, réduite dès la construction primitive à n'avoir pas le tiers de son ouverture normale, à n'être qu'une espèce de trou informe. C'était au milieu d'un tel chaos, à 100 mètres sous terre, qu'il fallait déblayer, mettre, en place madriers et pierres de taille, maçonner et même faire agir la poudre, au risque de périr sous la voûte écroulée.

Il y eut des épisodes terribles dont il fallut triompher, non pas seulement par les promptes ressources, par les rapides inventions d'une science ingénieuse, mais à force de sang-froid, de courage et de dévouement. On se trouva, par exemple, entre les puits 19 et 20, en présence d'un éboulement qui s'était produit vers 1842, sept ans après les insuffisants travaux de Rivera, dans la galerie déviée, primitivement construite par les Romains pour contourner cet autre éboulement survenu, nous l'avons dit, dès la première ouverture de l'émissaire. L'éboulement de 1842 interrompait toute communication, et accumulait dans la section antérieure du tunnel des eaux soumises à une énorme pression. Comment vaincre cet obstacle ? Il n'y avait pas moyen de songer à le percer en marchant tout droit à la rencontre d'un volume d'eau semblable à celui qu'il retenait. Il fallait opérer avec la dernière prudence, obtenir de grands effets par une accumulation de petits moyens, car aucune force humaine n'aurait pu vaincre un jet si puissant, projeté ou s'échappant sous une pression de 23 mètres. Voici ce que M. de Montricher imagina. Selon les plans précédemment adoptés pour l'ensemble de la galerie souterraine, le radier de l'émissaire Torlonia devait être abaissé dans cette partie d'une profondeur de 3 mètres environ ; l'ingénieur prit le parti de faire ouvrir dès maintenant par-dessous le tunnel romain une petite galerie dont le radier serait au niveau convenu pour le futur émissaire. Le ciel du plafond de cette petite galerie devait être le bloc de béton qui formait le radier romain ; on la continuerait par-dessous l'éboulement jusqu'à ce qu'on fût assuré de l'avoir dépassé. Arrivé en amont, c'est-à-dire là où l'on était certain de ne plus rencontrer les terres de l'éboulement, on percerait le plafond, et les eaux emprisonnées tomberaient dans la petite galerie pour s'écouler par la partie inférieure de l'émissaire reconstruit.

Un pareil dessein était, comme, on pense, encore moins facile à exécuter qu'à imaginer. M. de Montricher mourait alors et léguait cette exécution difficile à MM. Bermont et Brisse. Voici comment M. de Rotrou, dans le *Précis historique*, rend compte du commencement de ce travail. « Le percement de la petite galerie passant sous le radier de l'ancienne s'effectua, dit-il, dans des conditions qui semblent appartenir au domaine de la fantaisie plutôt qu'à celui de la réalité. Les ouvriers étaient dans l'eau quelquefois jusqu'à la ceinture, au milieu d'encombrements de bois pour les cadres, parmi des boues horribles, dans une galerie de 2m,50 de hauteur sur 1m,70 de largeur, réduite à 1m,20 et à moins encore par l'épaisseur des boisages, presque dans l'obscurité, puisqu'il fallait employer, à 100 mètres sous terre, un très petit nombre de lampes pour économiser l'air respirable, et sous la perpétuelle menace d'un épouvantable désastre, que pouvait amener la plus petite lésion dans la maçonnerie du radier romain, le moindre mouvement dans ce milieu argileux et sablonneux détrempé par les eaux... Les pressions étaient si considérables qu'il fallut plus d'une fois se hâter de renouveler les boisages : ils se rompaient sous elles. Le percement de cette petite galerie a été un travail des plus audacieux. »

Enfin cependant, après plusieurs mois de fatigue et d'anxiété, à 85 mètres en amont du point de départ, on acquit par un sondage la certitude qu'on avait dépassé l'éboulement et qu'on était arrivé sous la portion du tunnel romain où les eaux se trouvaient accumulées. Mais ici commençait la seconde partie du problème, non moins ardue ni moins périlleuse que la première. Comment inventer des ouvertures dans le plafond romain assez modérées et à la fois assez résistantes pour faire écouler sans être emportées et brisées, elles-mêmes une masse d'eau devenue très redoutable ? Comment, sans des dangers inouïs, pratiquer ces ouvertures du sein même de l'étroite et fragile galerie par où les eaux devaient tomber ? — Il nous faut ici renoncer à expliquer en détail ce que le langage technique de l'ingénieur peut seul exprimer, et nous devons renvoyer le lecteur au *Précis historique* ; il y verra comment le problème fut résolu, grâce à un système de dix tubes en fonte, scellés au plafond romain, communiquant avec un gros tube collecteur, et qu'un mécanisme particulier permit d'ouvrir tous à la fois. Ce fut un moment solennel, de ceux qui datent dans la vie d'un ingénieur, que celui où les eaux se précipitèrent avec une série de détonations répercutées dans l'intérieur du tunnel ; nul tuyau cependant ne creva, nulle fissure, nul éboulement ne se produisit ; les ouvriers d'élite et les ingénieurs qui avaient affronté tant de dangers se retirèrent sains et saufs par le puits le plus voisin avec la joie d'un grand succès obtenu.

Tout n'était pas fini. L'eau accumulée dans la partie antérieure du tunnel romain y diminua rapidement pendant les premiers jours, puis son niveau demeura stationnaire ; on pouvait s'en convaincre en descendant jusque dans cette galerie. A quel nouvel obstacle avait-on affaire, et comment le rechercher ? Il y avait entre le plafond et la superficie actuelle de l'eau un espace suffisant pour qu'on y pût faire circuler une très petite barque. Cette barque fut construite, et introduite par le puits ; M. Bermont et M. Brisse s'y placèrent et, couchés sur le dos, faute d'espace pour se relever, dirigeant la barque à l'aide de leurs mains appuyées au sommet de la voûte, ils allèrent s'assurer par des sondages que les tubes en fonte n'étaient pas obstrués : la cause de l'arrêt n'était autre qu'une de ces contre-pentes que nous avons signalées dans le radier mal construit de la galerie romaine.

Après avoir rectifié l'émissaire dans ce parcours où deux éboulements, l'un ancien, l'autre moderne, avaient tant contribué à le ruiner, on se trouvait, sans pousser tout de suite les travaux jusqu'à la tête de l'ancienne galerie, maître d'un tunnel moderne entièrement refait sur une étendue de 4,065 mètres. Cette étendue était suffisante pour donner au lac un premier écoulement qui débarrasserait l'orifice et les vasques de l'*incile*, et y rendrait les travaux ultérieurs beaucoup plus faciles. Une galerie oblique entre la rive et l'émissaire fut donc construite, et la journée du 9 août 1862 fut choisie pour l'introduction des eaux. Il ne s'agissait encore que d'un premier écoulement, il est vrai ; il s'en fallait que fussent achevés les travaux sans lesquels un autre écoulement n'aurait pu avoir lieu ; tout le monde comprenait cependant que c'était ici un jour solennel, et que l'opération du dessèchement était vraiment commencée. Aussi lorsque, en présence des magistrats et du clergé, les populations réunies sur le bord du lac, au pied du mont Salviano, virent tomber les barrages, et les eaux s'engouffrer avec un long fracas au milieu d'un nuage épais de vapeur, leurs acclamations au prince Torlonia et à la Madone, qu'il avait prise dans toute cette œuvre comme spéciale protectrice, signifièrent qu'une nouvelle période était inaugurée, celle du triomphe irrévocable.

Le premier écoulement, commencé le 9 août 1862, continua, sauf quelques interruptions, causées par les craintes bien vaines d'inondation des riverains du Liri, jusqu'au 30 septembre 1863, et fit baisser le lac de 4m,24. A peine les eaux retirées, on avait repris le travail, pour achever la reconstruction de l'émissaire transformé en une nouvelle galerie triple de proportions, quadruple de puissance, et prolongée en avant dans l'ancien bassin lacustre, sans tenir compte de l'*incile*, destiné à disparaître. Cela fait, en pratiqua du 28 août 1865 au 30 avril 1868 un second écoulement, qui toutefois ne fut en activité que 212 jours, et fit baisser le lac de 7m,72. Puis l'on abandonna le canal provisoire qui avait servi à cette nouvelle opération, et l'on poursuivit le nouvel émissaire par une galerie allant recueillir les dernières eaux du lac jusqu'au point le plus inférieur du bassin. Le troisième écoulement commença le 22 janvier 1870 ; ce fut à la fin de juin 1875 que les terres les plus basses furent mises à sec, et que le lac Fucin disparut entièrement.

Les travaux, pour cette partie de l'entreprise, avaient duré vingt années.

Ce n'était là cependant que la première moitié de l'œuvre. Il ne suffisait pas d'entraîner hors du lac les eaux qui y étaient amassées ; on devait encore s'occuper de celles qui continueraient d'affluer de tous les points du bassin hydrologique. Elles ne se dirigeraient pas sans des inclinaisons factices vers la tête du nouvel émissaire, bien que celle-ci fût placée maintenant au fond même de l'ancien lac ; les torrens apportaient des monceaux de brèche contre lesquels il fallait protéger les terres nouvellement conquises ; il fallait, en recueillant toutes les eaux tombant des montagnes, toutes celles aussi des sources, intérieures, les emmagasiner, les aménager, s'en servir pour les irrigations nécessaires, trouver les moyens de les distribuer, de les retenir, de les diriger à son gré, et prévoir des éventualités de plusieurs sortes. Que faire d'eaux abondantes en des temps où l'émissaire ne pourrait pas fonctionner pour cause de réparations ou d'innovations par exemple ? Comment combattre des temps de sécheresse dans une plaine cultivée d'une si énorme étendue ? A toutes ces questions, à tous ces besoins, correspond une autre partie de l'entreprise du prince Torlonia, qui n'est pas moins intéressante que la première. Œuvre, de M. Brisse, à peu près exclusivement, non entièrement achevée encore, elle est assez avancée pour que du premier, coup d'œil, et comme à vol d'oiseau, on y voie éclater une belle ordonnance, logique, intelligente et simple.

De l'ancienne rive occidentale qui s'étend au pied du mont Salviano, le nouvel émissaire, prolongé en amont et en même temps abaissé, se dirige en droite ligne vers le fond du bassin lacustre. La galerie romaine avait environ 5,595 mètres de long ; la galerie moderne en a 6,301. Une vaste construction en pierre de taille, surmontée d'une immense statue de la Madone, avec une inscription en l'honneur de la Vierge et du prince Torlonia, sert à la fois de barrage et de tête à ce nouveau tunnel. A partir de là, et toujours en ligne droite de l'ouest à l'est, le visiteur peut s'embarquer pour remonter le courant d'un canal collecteur central, chargé d'amener à l'émissaire, à travers le barrage que nous venons d'indiquer, toutes les eaux du bassin lacustre. Le canal a 8 kilomètres de long, et il aboutit au bord occidental du bassin de retenue. Ce dernier nom désigne un vaste espace, d'une superficie de 2,200 hectares, enserré de tous côtés par une digue d'une hauteur de 2m,50 et d'un développement de près de 18 kilométras. Cet espace contient le vrai fond du lac ; les eaux tendent donc à y descendre, et il peut emmagasiner un volume de 21,413,000 mètres cubes. On devine quel doit être son rôle tout à fait indispensable pour assurer aux terres nouvelles une sécurité durable. Dans les occasions rares sans doute, où le volume des eaux apportées, au bassin lacustre serait plus considérable que celui qu'on peut faire écouler par l'émissaire dans le même temps, il doit servir à empêcher ou à limiter les inondations ; il doit aussi retenir ces eaux, dans les cas de suspension d'écoulement par le Liri. Pour les temps ordinaires, sans qu'on ait besoin d'inonder ce vaste réservoir, il suffit qu'un canal, prolongeant en amont le collecteur central, pénètre jusqu'au centre du bassin de retenue jusqu'au vrai fond du lac, afin d'y tout recueillir. D'ailleurs un système de canaux secondaires est chargé de diriger les eaux pérennes, celles des torrents et des sources, soit vers ce bassin de retenue, soit vers le collecteur central. Au nord, à l'est et au sud, les seuls côtés par où le Fucin recevait naguère de notables apports, on a établi à mi-côte, aux limites circulaires de la nouvelle propriété, des canaux devant recueillir ce qui vient des montagnes ; un système de pentes correspondantes peut amener ces divers tributs dans le bassin de retenue ou dans son canal, qui les transmet au grand collecteur, puis à l'émissaire. S'il n'est pas utile que ces eaux soient tout de suite emportées, si par exemple on veut les employer aux irrigations que réclame l'agriculture dans les diverses parties de l'immense plaine, une multitude de fossés amorcés de part et d'autre sur les canaux que nous venons de décrire, et munis d'écluses, peuvent emmener les eaux venant du nord et celles venant du sud vers le grand central, non sans avoir, sur leur passage, très utilement imbibé les terres cultivées. Bien plus, toutes les fois que les exigences de l'agriculture le permettront et qu'il n'y aura pas de circonstances exceptionnelles, une quatrième sorte de canal, suivant une ligne perpendiculaire au grand collecteur, lui apportera du nord et du sud, en un point situé à 3 kilomètres vers l'est de la tête de l'émissaire, des eaux qui, par une différence de niveaux habilement ménagée, produiront des chutes de 4 mètres de hauteur, d'un utile emploi pour l'industrie. Après ces explications techniques, nous pouvons sans doute entreprendre, au double point de vue pittoresque et économique, un examen de l'immense vallée conquise sur les eaux. Quel aspect offrent ces lieux aujourd'hui, quels souvenirs du passé, quelles promesses pour l'avenir ? Le lac que l'industrie humaine a osé supprimer était d'une admirable beauté ; avec ses enfoncements entre les montagnes, avec son frais miroir reflétant de toutes parts les sommets neigeux, il était comme une seconde baie de Naples. *Era troppo bello* ! me disait au mont Cassin le père Tosti. Il faut bien que cette beauté ait été prestigieuse et perfide pour que, dans l'antiquité comme dans les temps modernes, les hommes se soient ligués et aient conspiré contre elle. Aujourd'hui le lac est vaincu ; nous avons pu mesurer quelques étapes de cette lutte séculaire, et l'on peut voir au nord, à Cesolino, entre Avezzano et Albe, les traces subsistantes de l'époque préhistorique pendant laquelle le Fucin couvrait tout ce qu'on pouvait appeler naguère son bassin hydrologique. Les marques de ses principales crues dans les époques ultérieures ont été conservées ; les calculs ont démontré que dans l'hiver de 1873 encore, sans les récents travaux, les propriétés riveraines eussent eu à subir de nouveaux désastres. C'est cependant une entreprise hardie, dans tous les temps, que de faire violence, comme disaient les anciens, à la nature ; quand Dieu crée des montagnes, dit la chanson basque, c'est pour que les hommes ne les franchissent pas. Voyons si la victoire de l'homme a été ici incomplète, et si la nature même ne paraît pas lui avoir pardonné.

Trois jours seront nécessaires aux touristes, qui seront certainement nombreux quand il y aura un chemin de fer se reliant à la ligne de Rome à Naples, pour visiter la vallée du Fucin. Il faut partir d'Avezzano, au nord-ouest du lac ; c'est la sous-préfecture et la principale ville de la contrée ; c'est là qu'a été dès le commencement établie l'administration des travaux ; c'est là que le prince Torlonia a construit ces magasins magnifiques que le langage populaire appelle les greniers de Pharaon. En quelques minutes, on arrive à la limite qui était celle des eaux en juillet 1862. Un piédestal en pierre de taille, surmonté d'une statue de la Madone, marque cette limite. Sur la base est gravée en italien l'inscription suivante : « A la dévotion d'Alexandre Torlonia. Posé sur l'extrême rive du lac Fucin en l'année 1862. » De pareils témoins sont placés, à intervalles égaux, sur tout le périmètre. Cette limite franchie, nous ne sommes pas encore dans la propriété du prince. En effet, devant les prétentions des communes ou des particuliers sur les terres que le lac avait abandonnées d'abord, et qu'ils assuraient leur avoir appartenu jadis, en présence de l'entière confusion des registres cadastraux et des titres authentiques, une première zone, d'une hauteur uniforme, a été abandonnée, au très grand profit des riverains, comme on pense, là surtout où la rive se trouvait d'une pente peu considérable. Pour couper court après cela à toutes contestations, le prince a fait établir, à partir du nouveau périmètre, une route qui fait le tour du domaine ; elle a 52 kilomètres et il faut huit heures en voiture pour la parcourir ; tous les chemins secondaires viennent s'y embrancher. Prenons cette route circulaire en nous dirigeant à droite, c'est-à-dire vers la rive occidentale, vers ce qui reste des anciens ouvrages romains. Cette partie de la vallée est une de celles qui ont été le plus tôt mises à découvert. On y chemine entre des haies vives de magnifiques rosiers sauvages et de chèvrefeuilles, bordées de clairs ruisseaux et de peupliers en pleine croissance. Des saules y ont poussé d'eux-mêmes : un d'eux compte une douzaine d'années et mesure 55 centimètres de diamètre. Derrière les haies s'étendent des prairies, des vignes et des blés. Les débris romains ont disparu presque entièrement sous les travaux modernes. Cependant la magnifique entrée du *cunicolo maggiore* subsiste, à mi-côte. Par cet antique chemin oblique, ou bien par un escalier moderne situé en aval, on peut descendre dans l'émissaire, en admirer les voûtes, et naviguer même, non sans quelque péril, sur son rapide courant. Un peu plus bas encore s'ouvrent deux regards, par le second desquels on peut apercevoir, disions-nous, le fond de l'ancien bassin hexagonal, à sec aujourd'hui, et le mur séparant jadis ce bassin du trapézoïde, le même mur que le désordre des eaux, lors de la seconde inauguration, est venu rompre en partie. Le visiteur n'a qu'à continuer vers l'est pour arrivera la tête de l'émissaire Torlonia et au canal central.

Le grand intérêt de cette première journée est dans le spectacle étrange d'un rapprochement immédiat et intime entre des débris qui datent de dix-huit siècles et une œuvre marquée à l'empreinte du génie le plus moderne. Près des deux regards qui dominent les bassins antiques, involontairement on se représente Claude et sa cour, le pavillon ébranlé par le reflux des eaux, l'effroi des courtisans, la colère d'Agrippine, le danger de Narcisse. Rarement il est donné à l'archéologue, à L'historien, de rencontrer de si curieux sujets de comparaison.

Ce n'est pas trop de la seconde journée pour l'examen des travaux modernes aménageant les eaux qui sans cesse alimentent le bassin lacustre, et pour la visite du reste de la côte occidentale. Il faut, avec une barque, remonter le canal central depuis son embouchure dans le nouvel émissaire, là où se trouve la Madone monumentale érigée par le prince Torlonia, jusqu'au barrage qui ouvre ou ferme à volonté le bassin de retenue. C'est une agréable navigation à rames de 8 kilomètres ; s'il reste des partisans désolés de l'ancien lac, qui le regrettent et qui le pleurent, ce canal peut seul en conserver pour eux quelque imparfaite image.

La vaste superficie du bassin de retenue est à elle seule comme une région spéciale. La digue de terre qui l'entoure avec un développement de 18 kilomètres présente une large route circulaire, où l'on jouira bientôt de frais ombrages, tant les acacias plantés pour retenir à droite et à gauche les deux pentes croissent avec rapidité. C'est surtout dans l'enceinte même du bassin que la végétation est d'une étonnante puissance ; chacun des piquets de saule plantés jadis pour les alignements y est devenu un arbre ; il n'y aurait qu'à laisser faire pour obtenir en quelques années des bois épais, d'une exploitation avantageuse et facile ; mais il faut que ce plateau reste en prairie afin d'être inondé quand il paraîtra utile soit de ne rien confier temporairement à l'émissaire, soit de réserver contre la sécheresse d'abondants arrosages à l'agriculture.

Le retour par le sud et l'ouest offre, sur l'ancienne rive, d'intéressants épisodes. Près du bourg actuel de Luco s'élevait Angitia ; tout auprès, l'abîme de la Petogna n'a plus de mystères : on appelle de ce nom un ancien absorbant du lac formé par des bancs de rocher tombés depuis des siècles sur la rive, et entre lesquels l'eau s'introduisait, sans toutefois rencontrer plus loin des fissures ou des conduits par où elle pût s'échapper. Suivant d'antiques traditions, la célèbre eau Marcia, à laquelle les Romains donnent encore aujourd'hui la palme de la fraîcheur et de la salubrité, après avoir pris naissance dans le pays des Péligniens, traversait la Marsique et le lac Fucin sans y mêler ses eaux, venait se perdre dans les casernes de la Petagna, et reparaissait près de Tibur. Ainsi sans doute faut-il comprendre le texte de Pline (XXXI, 24), dont la première partie s'applique probablement au Gioveneo, affluent oriental du lac, mais qui pour le reste n'est qu'imagination pure.

La troisième visite doit avoir pour objet les parties septentrionale et orientale de la nouvelle vallée. Ce sont les plus pittoresques, parce que les eaux y abondent, non pas toutes canalisées, mais quelquefois libres, et se prêtant à des épisodes imprévus. La végétation y est magnifique ; les arbres y ont vingt-cinq ans ; on est tout surpris d'entendre chanter le rossignol là où naguère une vaste nappe d'eau s'étendait au pied d'arides montagnes. A peine a-t-on fait quelque chemin qu'on arrive aux *peschiere*, aux pêcheries ; ce sont de vastes bassins alimentés par les sources, communiquant entre eux, et qui devront servir à tout un établissement de pisciculture. Plus loin, sous d'épais ombrages, on découvre le *laghetto*. Un échappement de gaz hydrogène carburé a commencé par creuser le sol à la profondeur de 1 mètre, puis de 10, puis de 20 ; l'eau a rempli l'espace resté vide ; elle-même était lancée quelquefois en colonnes de 10 mètres de hauteur. Le petit lac naturel a aujourd'hui 50 mètres de profondeur ; le travail intérieur et souterrain paraît terminé, puisque le gaz ne se manifeste plus et que l'eau abonde en poissons. Les rives ne sont pas encore très fermement fixées, mais les ingénieurs ne doutent aucunement d'obtenir bientôt ce dernier résultat. Avec sa forme capricieuse, ses îles et ses bosquets, ce petit lac donne cet appoint de charme rustique et pittoresque que le luxe de tous les temps, dans les grands domaines, a envié et recherché à grands frais ; une brillante villa serait aisément découpée dans cette partie du bassin lacustre. De ce côté enfin se rencontrent les pacages les plus fréquentés, les cultures les plus variées et les plus avancées, le plus grand nombre de terres louées à des colons ; des gardes préposés à la surveillance générale y habitent avec leurs familles, dans de petites maisons construites avec goût sur un modèle uniforme et qui ©firent un aspect d'ordre et de bien-être.

Il est possible dès maintenant de se faire une idée des avantages économiques du dessèchement du lac Fucin. Le premier de tous et le plus évident, c'est la sécurité rendue à un nombre considérable de propriétaires, petits et grands. Le domaine du prince mesure 14,175 hectares ; or le lac a plus d'une fois couvert de ses eaux, en 1816 par exemple, jusqu'à 17,000 hectares : voilà donc près de 3,000 hectares que le dessèchement a rendus, sans aucune dépense des particuliers ni des communes, aux habitants de cette région. Le second résultat éclatant est d'avoir, en substituant à une stérile plaine liquide une vaste étendue de terre féconde, invité à la culture une population importante. La période des premiers travaux a inauguré pour ce pays une prospérité qui ne s'arrêtera pas. Au plus fort de cette activité, en 1856 et 1857, la paie des ouvriers était en moyenne de 80,000 francs par mois. Peu de tâcherons ou de petits entrepreneurs, du moins après les hésitations des premiers temps, étaient étrangers à la contrée, de sorte que tout cet argent est resté dans le pays. On en a eu une preuve intéressante. En 1856, le roi Ferdinand II ayant fait une refonte des monnaies, l'administration des travaux du Fucin fut autorisée à retirer chaque mois du trésor en espèces neuves la somme afférente à la solde totale des ouvriers. Or il arriva que jusqu'en 1859 ces monnaies neuves ne reparurent pas, mais on revit les vieilles pièces, ducats et piastres, qui avant cela étaient rares, preuve évidente que, parmi la population du Fucin, l'épargne égalait deux années de capital circulant. Les grands travaux une fois terminés, on put s'assurer que, sur plusieurs points autrefois malsains, la santé publique s'était visiblement améliorée. Les fièvres, non-seulement celles qui pouvaient résulter des crues, mais celles qui, avec l'état normal du lac, étaient permanentes, sur la rive sud-ouest spécialement, ont disparu. Il n'y a qu'à faire le tour des nouveaux terrains pour remarquer que chacun des anciens villages, avide maintenant d'espace et de bien-être, construit sur ce qui naguère était la rive des maisons vastes et bien aérées, forme un singulier contraste avec les indicibles masures d'autrefois. Au lieu d'un lac où la pêche seule, même assez abondante, occupait sans beaucoup de profit un nombre restreint de familles, voici de vastes terres livrées à l'infini et fécond labeur des diverses industries agricoles.

La propriété se composant de 14,175 hectares, il en faut défalquer, au point de vue de la culture possible, 650 de fossés, routes et canaux (130 dans le bassin de retenue, 520 dans le reste) ; il en faudra défalquer 2, 843 dans les années, sans doute assez rares, où le bassin de retenue devra être occupé par les eaux. Cela donne encore 13,525 hectares cultivables dans les années ordinaires,

11,332 dans les autres. L'étendue qu'on pourrait mettre en blé est d'environ 10,800 hectares ; une bonne partie est dès à présent employée de la sorte, le reste du sol est en prairies, en bois, en vignes, et en farineux, pommes de terre, fèves, lentilles, haricots, maïs, qui, facilement transportés par la route de Sora, ouverte dans la vallée du Liri en 1854, puis par le chemin de fer à partir de Ceprano, ont, pendant ces dernières années, alimenté en quantités considérables les marchés de Rome, bien insuffisamment pourvus jusqu'à ce jour. Nul doute que l'entreprise du prince ne doive lui être un jour largement rémunératrice, mais il est facile de démontrer qu'elle a été singulièrement avantageuse aussi pour le pays. Dans la zone côtière de 3,000 hectares environ immédiatement supérieure au périmètre du nouveau domaine, c'était à peine si les terres voisines du bassin lacustre trouvaient jadis acquéreur à 425 francs l'hectare ; aussitôt après le dessèchement, on en vit monter le prix moyen à 1,700 francs, et l'on peut croire que dans quelques années, quand la culture les aura profondément labourées, elles reprendront la valeur des terres qui les environnent, c'est-à-dire de 2,500 à 3,000 francs : ce sera une augmentation de la richesse publique de 6 à 8 millions pour cette seule contrée.

Il va de soi qu'un si grand domaine, avec un système d'eaux nécessairement complexe et dont toutes les parties sont intimement solidaires, réclame la puissante unité d'une direction incessante. Toute cette belle ordonnance de canaux aux pentes quelquefois peu sensibles, de niveaux qui se correspondent, de berges et de digues, d'écluses et de vannes, périrait bientôt sans la vigilance d'une administration toujours attentive. Cette unité nécessaire pourra-t-elle subsister longtemps avec les lois sur le régime de la propriété ? La division ou le parcellement ne serait-il pas ici la ruine ? Les *latifundia* sont-ils conciliables avec la constitution de nos sociétés modernes ? D'autre part cependant, quel autre ou du moins quel meilleur moyen que celui-ci pour régénérer presque subitement une contrée, pour créer si promptement une si grande richesse, dont profitera le plus pauvre comme le plus opulent ? Quel genre d'exploitation conviendra le mieux ? la grande ou la petite culture, l'aliénation parcellaire, ou la location, ou l'affermage ? Ces problèmes et bien d'autres viennent à l'esprit devant la création du prince Torlonia ; il paraît, lui, les avoir résolus sans peine, puisque cette vaste administration fonctionne aisément et prospère. Laissant à d'autres le soin de discuter ces graves questions, il nous suffira d'avoir remercié et félicité le prince pour cette œuvre à moitié française, d'avoir rendu justice à l'ingénieur qui a mené à bonne fin un travail si considérable, et d'avoir pu signaler du même coup un beau sujet d'étude pour l'antiquaire et l'économiste. Il n'y a que l'Italie pour offrir ces sortes de rencontres saisissantes entre l'avenir et le plus lointain passé.

ISBN : 978-1986501859

www.ingramcontent.com/pod-product-compliance
Lightning Source LLC
Chambersburg PA
CBHW051536240526
45471CB00020B/2980